海上絲綢之路基本文獻叢書

閩中海錯疏·記海錯

〔明〕屠本畯 撰 〔清〕郝懿行 撰

文物出版社

圖書在版編目（CIP）數據

閩中海錯疏 /（明）屠本畯撰．記海錯 /（清）郝懿行撰．-- 北京 : 文物出版社，2022.7
（海上絲綢之路基本文獻叢書）
ISBN 978-7-5010-7634-5

Ⅰ．①閩… ②記… Ⅱ．①屠… ②郝… Ⅲ．①水産志－中國 Ⅳ．①S922.9

中國版本圖書館 CIP 數據核字（2022）第 086656 號

海上絲綢之路基本文獻叢書

閩中海錯疏·記海錯

撰　　者：〔明〕屠本畯　〔清〕郝懿行
策　　劃：盛世博閱（北京）文化有限責任公司

封面設計：鞏榮彪
責任編輯：劉永海
責任印製：王　芳

出版發行：文物出版社
社　　址：北京市東城區東直門内北小街 2 號樓
郵　　編：100007
網　　址：http://www.wenwu.com
經　　銷：新華書店
印　　刷：北京旺都印務有限公司
開　　本：787mm×1092mm　1/16
印　　張：10.5
版　　次：2022 年 7 月第 1 版
印　　次：2022 年 7 月第 1 次印刷
書　　號：ISBN 978-7-5010-7634-5
定　　價：98.00 圓

總緒

海上絲綢之路，一般意義上是指從秦漢至鴉片戰争前中國與世界進行政治、經濟、文化交流的海上通道，主要分爲經由黄海、東海的海路最終抵達日本列島及朝鮮半島的東海航綫和以徐聞、合浦、廣州、泉州爲起點通往東南亞及印度洋地區的南海航綫。

在中國古代文獻中，最早、最詳細記載『海上絲綢之路』航綫的是東漢班固的《漢書·地理志》，詳細記載了西漢黄門譯長率領應募者入海『齎黄金雜繒而往』之事，書中所出現的地理記載與東南亞地區相關，并與實際的地理狀况基本相符。

東漢後，中國進入魏晋南北朝長達三百多年的分裂割據時期，絲路上的交往也走向低谷。這一時期的絲路交往，以法顯的西行最爲著名。法顯作爲從陸路西行到印度，再由海路回國的第一人，根據親身經歷所寫的《佛國記》（又稱《法顯傳》）一書，詳細介紹了古代中亞和印度、巴基斯坦、斯里蘭卡等地的歷史及風土人情，是瞭解和研究海陸絲綢之路的珍貴歷史資料。

隨着隋唐的統一，中國經濟重心的南移，中國與西方交通以海路爲主，海上絲綢之路進入大發展時期。廣州成爲唐朝最大的海外貿易中心，朝廷設立市舶司，專門管理海外貿易。唐代著名的地理學家賈耽（七三〇～八〇五年）的《皇華四達記》記載了從廣州通往阿拉伯地區的海上交通『廣州通夷道』，詳述了從廣州港出發，經越南、馬來半島、蘇門答臘半島至印度、錫蘭，直至波斯灣沿岸各國的航綫及沿途地區的方位、名稱、島礁、山川、民俗等。譯經大師義净西行求法，將沿途見聞寫成著作《大唐西域求法高僧傳》，詳細記載了海上絲綢之路的發展變化，是我們瞭解絲綢之路不可多得的第一手資料。

宋代的造船技術和航海技術顯著提高，指南針廣泛應用於航海，中國商船的遠航能力大大提升。北宋徐兢的《宣和奉使高麗圖經》詳細記述了船舶製造、海洋地理和往來航綫，是研究宋代海外交通史、中朝友好關係史、中朝經濟文化交流史的重要文獻。南宋趙汝適《諸蕃志》記載，南海有五十三個國家和地區與南宋通商貿易，形成了通往日本、高麗、東南亞、印度、波斯、阿拉伯等地的『海上絲綢之路』。宋代爲了加强商貿往來，於北宋神宗元豐三年（一〇八〇年）頒佈了中國歷史上第一部海洋貿易管理條例《廣州市舶條法》，并稱爲宋代貿易管理的制度範本。

元朝在經濟上採用重商主義政策，鼓勵海外貿易，中國與歐洲的聯繫與交往非常頻繁，其中馬可・波羅、伊本・白圖泰等歐洲旅行家來到中國，留下了大量的旅行記，記録元代海上絲綢之路的盛况。元代的汪大淵兩次出海，撰寫出《島夷志略》一書，記録了二百多個國名和地名，其中不少首次見於中國著録，涉及的地理範圍東至菲律賓群島，西至非洲。這些都反映了元朝時中西經濟文化交流的豐富内容。

明、清政府先後多次實施海禁政策，海上絲綢之路的貿易逐漸衰落。但是從明永樂三年至明宣德八年的二十八年裏，鄭和率船隊七下西洋，先後到達的國家多達三十多個，在進行經貿交流的同時，也極大地促進了中外文化的交流，這些都詳見於《西洋蕃國志》《星槎勝覽》《瀛涯勝覽》等典籍中。

關於海上絲綢之路的文獻記述，除上述官員、學者、求法或傳教高僧以及旅行者的著作外，自《漢書》之後，歷代正史大都列有《地理志》《四夷傳》《西域傳》《外國傳》《蠻夷傳》《屬國傳》等篇章，加上唐宋以來衆多的典制類文獻、地方史志文獻，集中反映了歷代王朝對於周邊部族、政權以及西方世界的認識，都是關於海上絲綢之路的原始史料性文獻。

海上絲綢之路概念的形成，經歷了一個演變的過程。十九世紀七十年代德國地理學家費迪南・馮・李希霍芬（Ferdinad Von Richthofen，一八三三～一九〇五），在其《中國：親身旅行和研究成果》第三卷中首次把輸出中國絲綢的東西陸路稱爲『絲綢之路』。有『歐洲漢學泰斗』之稱的法國漢學家沙畹（Édouard Chavannes，一八六五～一九一八），在其一九〇三年著作的《西突厥史料》中提出『絲路有海陸兩道』，蘊涵了海上絲綢之路最初提法。迄今發現最早正式提出『海上絲綢之路』一詞的是日本考古學家三杉隆敏，他在一九六七年出版《中國瓷器之旅：探索海上的絲綢之路》中首次使用『海上絲綢之路』一詞；一九七九年三杉隆敏又出版了《海上絲綢之路》一書，其立意和出發點局限在東西方之間的陶瓷貿易與交流史。

二十世紀八十年代以來，在海外交通史研究中，『海上絲綢之路』一詞逐漸成爲中外學術界廣泛接受的概念。根據姚楠等人研究，饒宗頤先生是華人中最早提出『海上絲綢之路』的人，他的《海道之絲路與昆侖舶》正式提出『海上絲路』的稱謂。選堂先生評價海上絲綢之路是外交、貿易和文化交流作用的通道。此後，大陸學者馮蔚然在一九七八年編寫的《航運史話》中，使用『海上絲綢之路』一詞，這是迄今學界查到的中國大陸最早使用『海上絲綢之路』的人，更多地限於航海活動領域的考察。一九八〇年北京大學陳炎教授提出『海上絲綢之路』研究，并於一九八一年發表《略論海上絲綢之路》一文。他對海上絲綢之路的理解超越以往，且帶有濃厚的愛國主義思想。陳炎教授之後，從事研究海上絲綢之路的學者越來越多，尤其沿海港口城市向聯合國申請海上絲綢之路非物質文化遺産活動，將海上絲綢之路研究推向新高潮。另外，國家把建設『絲綢之路經濟帶』和『二十一世紀海上絲綢之路』作爲對外發展方針，將這一學術課題提升爲國家願景的高度，使海上絲綢之路形成超越學術進入政經層面的熱潮。

與海上絲綢之路學的萬千氣象相對應，海上絲綢之路文獻的整理工作仍顯滯後，遠遠跟不上突飛猛進的研究進展。二〇一八年厦門大學、中山大學等單位聯合發起『海上絲綢之路文獻集成』專案，尚在醖釀當中。我們不揣淺陋，深入調查，廣泛搜集，將有關海上絲綢之路的原始史料文獻和研究文獻，分爲風俗物産、雜史筆記、海防海事、典章檔案等六個類别，彙編成《海上絲綢之路歷史文化叢書》，於二〇二〇年影印出版。此輯面市以來，深受各大圖書館及相關研究者好評。爲讓更多的讀者親近古籍文獻，我們遴選出前編中的菁華，彙編成《海上絲綢之路基本文獻叢書》，以單行本影印出版，以饗讀者，以期爲讀者展現出一幅幅中外經濟文化交流的精美畫卷，爲海上絲綢之路的研究提供歷史借鑒，爲『二十一世紀海上絲綢之路』倡議構想的實踐做好歷史的詮釋和注脚，從而達到『以史爲鑒』『古爲今用』的目的。

凡例

一、本編注重史料的珍稀性，從《海上絲綢之路歷史文化叢書》中遴選出菁華，擬出版百册單行本。

二、本編所選之文獻，其編纂的年代下限至一九四九年。

三、本編排序無嚴格定式，所選之文獻篇幅以二百餘頁爲宜，以便讀者閱讀使用。

四、本編所選文獻，每種前皆注明版本、著者。

五、本編文獻皆爲影印，原始文本掃描之後經過修復處理，仍存原式，少數文獻由於原始底本欠佳，略有模糊之處，不影響閱讀使用。

六、本編原始底本非一時一地之出版物，原書裝幀、開本多有不同，本書彙編之後，統一爲十六開右翻本。

目録

閩中海错疏

閩中海錯疏

三卷

〔明〕屠本畯 撰

明萬曆二十四年閩中刊本

閩中海錯疏序

大海物惟錯職貢齊州魴鱮之珍悉登周爼盖自古記之矣不佞南海產也水族之繁多所厭屬載游晉安則閩中異味亦旣別其品彙而膾炙之顧彼此異同形質難於睹記未有列其名于毫素而肖其貌于册靑者四明屠田叔來叅鹾政司榷之暇博采周詢於凡鱗介之登爼者彙爲一疏而授剞劂閒屬不佞序之不佞愧非茂先博物焉辨龍鮓鵬毛獨喜茲疏草損益質

文雋永有味一披閱而陸海之珍藏龍宫之怪異悉具掌中奚必從淵客問波臣而後識大海之所化生蠕動者乎雖然田叔博雅名家著述甚富宅不具論若夏小正太常典録皆關國家大要而定古今得失不佞因叙此編而併及之庶好事者知田叔不獨海錯一疏已也

萬曆丙申仲春朔南海周喬先書于三山之正誼堂

閩中海錯疏序

明州屠本畯田叔撰

夫水族之多莫若魚而名之異亦莫若魚物之大莫若魚而味之美亦莫若魚多而不可筭數窮推大則難以尋常量度是惟海客談之波臣辨之習者茸之否則疑而駭駭而棄矣禹奠山川魚鱉咸若周登俎豆魴鱧是珍海鏡江珧虎頭龜腳憑蝦寄蠏變蛤化皃奇形異質總總林林閩故神仙奥區天府之國也竝海而東與浙

閩中海錯疏　序

逿波遵海而南與廣接壤其間彼有此無十而二三耳記目覩十而四五不有劄記曷狀厥形故異物異名之志埤雅翼雅之書咸載不律于輶軒逞赫虢于旁與者也本畯生長明州葢波臣之國而海客與居海物惟錯類能談之擢齹餘暇疏爲海錯三卷循以雜物撰德聞見荒唐有能捜陸海之珍藏釋龍宮之膾炙增損䶄徒釐政形似者乎小子憑藉寵靈庶斯傳遠矣

萬曆丙申春王正月

閩中海錯疏卷上

四明屠本畯田叔疏并按

晉安徐　𤊹興公補　疏

鹺大夫曰鱗介之品山海錯雜先王以是任土作貢貿遷有無乃立冬官川衡掌巡川澤之禁令而平其守辨其品物腥臊珍異以爲祭祀燕享薦其庶羞藏腊燔炙以爲鼎俎饋遺所由來遠矣畯鹺丞也何預海錯第漢唐司農府隸於冬官山澤之禁

亦所當領作海錯疏

鱗部上

鯉　黄尾　大姑金鯉　鱧

鯉　赬鯉也當脇正中一行自首至尾無大小皆三十六鱗鱗上皆有黑點文

按鯉能變化飛越山海死不反白魚之徤而神者也龍陽也具九九八十一鱗鯉陰也脩六六三十六數魚躍龍門過而爲龍惟鯉或然是以仙人乘龍亦或騎鯉

黄尾似鯉而尾微黄食之微有土氣

大姑似鯉而差小大鱗有脊骨無細鯁冬月子肥味美生湖塘間四明謂之窑姑

金鯉色紅黄大姑生子爲日所晒而成

鱧文魚也一名烏鯉圓長而斑首有七點作北斗象肉美膾茸無鱗夜則昂首北嚮嶺南謂之玄鱧○鱧魚毛詩注鮦也細鱗有黑花紋本草注云鱺蛇所變然亦有相生者諸魚中惟此魚膽茸可食　補疏

按鱧夜仰首北嚮有自然之禮制字从禮惟膽其制字从醴惟肉美古人所重惟首戴斗象道家指以爲厭盖天厭鴈地厭犬水厭鱧皆禁而不食夫鱧胎生還復自食其鯢梟食父獍食母鱧便食子凡鱧一尾入人家池塘食小魚殆盡人每惡而逐之

鯽 金鯽　烏魚 金箍　棘鬣 赤鬃 烏頰　方頭

【鯽】鮒也似鯉體促腹大脊隆肉厚色白而微黑按酉陽雜俎云東南海中鯽魚長八尺食

之宜暑而避風濤陽青林湖中大者亦二
尺餘之可止寒熱羅頋云此魚旅行吹沫
如星以其相卽也謂之鯽以其相附也謂
之鮒

金鯽 能變幻可畜盆中供玩閩人呼爲盆魚

烏魚 似鯽而大尾鬐俱黑力能跋扈

金稯魚 三尾色如珠砂盆魚中品之佳者 補疏

棘鬛 似鯽而大其鬛如棘色紅紫嶺表異録名
吉鬛泉州謂之髻鬛又名奇鬛

赤鬃 似棘鬛而大鱗鬛皆淺紅色

宋志云棘鬛與赤鬃味豐在首首味豐在

眼葱酒蒸之爲珍味十月此魚得時正月

以後則味拗不可食 補疏

方頭 似棘鬛而頭方味美

通志云方頭似棘鬛而頭方或云方當作

芳言其頭爲味芳香也 補疏

烏頰 形與奇鬛相同二魚俱於隆冬大寒時取

之然奇鬛之味在首

魴　鯧

魴 青鯿也板身銳口縮項穹脊博腹細鱗色青白而味美不減槎頭一名貼沙又名鯿魚

按魚貼沙而行魚之弱者也漢水中常以槎斷水用禁人捕謂之槎頭

鯧 似鯿腦上凸起連背而圓身肉白而甚厚尾如燕子只一脊骨而無他鯁

鯊 虎鯊 鮫鯊 鋸鯊 劍鯊 狗鯊 烏鬙 烏頭 出入 胡鯊 時鯊 帽鯊 黃鯊

虎鯊頭目凹而身有虎文

鋸鯊上唇長三四尺兩傍有齒如鋸

狗鯊頭如狗

烏頭頰尾黑背大有百餘斤者淺在海沙不能去人割其肉潮至復去其皮用湯泡淨沙縷作膾鬐鬣泡去外皮存絲亦用作膾色晶瑩若銀

絲

胡鯊青色背上有沙大者長丈餘小者長三五尺鼻如鋸皮可縷爲膾麄以爲脩可充物亦名

鋸鯋

鮫鯋 似鮫而鼻長皮可餙劍靶俗呼錦魟

劍鯋 尾長似劍䕩蓊味佳

烏髻 頰尾皆黑

出入鯋 初生隨母浮遊遇警從母口中入腹須臾復出

時鯋 有肉無腹大者剖其肉烹之多油可啖亦可燃

帽鯋 腮兩邊有皮如戴帽然又名雙髻鯋頭如

木枌又名雙髻魟

黄鯋 好食百魚大者五六百斤

按鯋之種類不一皮肉皆同惟頭稍異此外又有青鯋淡鯋夾鯋諸種種而吹鯋別是一種故列在下文鱓類鯋故附

吹鯋 鱓

吹鯋 大如指狹圓而長身有黑點嘗張口吹沙

按吹沙小魚也味甚美故魚麗之詩稱焉羅願曰非特吹沙亦止食沙大者不過二

斤江南小谿中每春沙至甚多土人珍之
夏則隨水而下自是以後時亦有之然罕
至矣來春復舉大抵正月輒至魚之㝡先
者次則鯉至次則鱖至桃花水至而鱖肥
則三月矣此魚生流水中非畜於人

【鮮】背有肉二片乾之名金絲鲞形味俱類沙魚
翅

鯑鯔　斗底鯔　黄鱝樟

【鯑】板身口小項縮肥腴而少鯁

鯧鰣之小者其形扁

斗底鯧　鰣之小者其形圓

黄鱲橧　亦鯧也鱗金點而差厚

按魚以鯧名以其性善婬好與群魚爲牝牡故味美有似乎娼制字从昌

鮆

鮆　頭長而狹腹薄而腴多鯁脊如刀刃故謂之

刀鮆

按鮆山海經云食之可以已疕與石首鮆

以三月八日乃出故江賦云鯼鮆順時而往

還

鱖鱸斗肚

鱖

巨口細鱗鬐鬣皆圓黃質黑章皮厚肉緊味美如鱸其斑文鮮明色著者爲雄稍晦昧者爲雌

按鱖音桂舊說仙人劉憑食石桂魚今之鱖魚是此魚所化猶有桂名漁人以索貫一雄置谿畔群雌皆來齧曳之不捨掣而

取之常得十數尾今福寧州呼爲鱠魚羅

碩曰凡牛羊之屬有肚故能嚼魚無肚不

能嚼獨鱖魚有肚能嚼

鱸類鱖肉肥味厚而二腮

魣鱸之別種也漳泉皆有之

按鱸江淮廣浙在在有之吳淞別有一種

圓而短小巨口細鱗四腮淞江呼爲四腮

鱸

鰵

鰵形似鱸口濶肉粗腦腴骨脆而味美

按鰵身類鱸口類石首大者長丈許重百餘斤四明諺云寧可棄我三畝稻不可棄我鰵魚腦蓋言美在腦也

魣 撥尾　鯌　草魚　鰱 紅鰱

烏鰡 黃鰡

魣似烏魚而短身圓口小目赤鱗黑一名鰡味與鯖相似冬深脂膏滿腹至春漸瘦無味一名

鮐

㩄尾　紓魚之小者○子魚以至子月肥極故云其子尤佳莆田縣東北五十里迎仙橋下潭所產極爲珍味補疏

鮬　似鯔而目大似鯉而鱗粗能以鬣刺水蛇食之

草魚　似鯔身圓而長以其畜於池塘飼之以草

鰱　口小鱗細色白

紅鰱　似鰱而色紅

按草鰱二魚俱來自江右土人以仲春取

子於江曰魚苗畜於小池稍長入蓕塘曰蓕鰱可尺許徙之廣池飼以草九月乃取

烏鰡 形似草魚頭與口差小而黑色食螺

黄鰡 鱗色黄俱出邵武

鰣 鰳 鯼江鯼 黄灸

鰣 板身扁首燕尾青脊白鱗大者長數尺肥腴多鯁春末有之又一種春漲泝流而上月長一寸至十月盈尺者佳

鰳 似鰣而多鯁

按鰣鰳其美在腴鰣修口圓脊多鯁大者長三四尺重七八斤鰳狹口劍脊多鯁大者長二三尺重三四斤鰡小口圓身少鯁大者長五六尺重二三十斤泉志云鰣與鰳形相似福志云鰡與鰣味相似俱誤

鯀 如鰣而小鱗青色俗呼青鯽又名青鱗

按鯀四明奉化縣有之鱗脊俱青故名青鯽冬月味甘腴春月魚首生蟲漸瘦不堪食

江鰷 出洪塘江三四月方有之味美但小而多刺 補疏

黃爻 似鰳而小多鯁細鱗味不甚佳

石首 黃梅 鯩

石首 鯼也頭大尾小無大小腦中俱有兩小石如玉鰾可爲膠鱗黃璀璨可愛一名金鱗朱口厚肉極清爽不作腥閩中呼爲黃瓜魚䰷鯗不及四明

黃梅 石首之短小者也頭大尾細朱口細鱗長

五六寸一名大頭魚亦名小黄瓜魚
按黄魚首有二白石如棋子醫家取以治
石淋肉能養胃鰾能固精醃糟食之已酒
病四明海上以四月小㶒爲頭水五月端
午爲二水六月初爲三水其時生者名洋
生魚其鮝鮝也頭水者佳二水勝於三水
八月出者名桂花石首臘月出者爲雪亮
其鰳魚出此時者名亦如之吳地志云石
首魚至秋化爲冠鳬今冠鳬頭中猶有石

也

鯩　形如石首而差大鱗細口紅

鱓土龍　鱓地龍　鰻狀鰻　鱒　鮎鱴亂

鱓　似蛇無鱗黃質黑章體有涎沫生水岸泥窟中能雨水中上升夜則昂首北向一名泥猴

按鱓形既似蛇又夏月於淺水作窟如蛇冬蟄夏出故亦名蛇鱓今閩中之鱓肉澁而味不及吳中○漢書鸛雀啣三鱣鱣即鱔字或作鱓陶隱居謂荇芩根所化者又

以爲人髮所化令腹中有子未必盡是化

生補疏

土龍似鱓而小

地龍似鱓而大多鯁脊中有一線血甚腥

鰻似鱓而腹大有黄色有青色春生者毒産海

中者相類而大土人名慈鰻又名猧狗魚○海

鰻之大者百餘斤小者二三斤鱺鰻之大者亦

有八十餘斤肥美無比産在鹹淡水之介補疏

按興化志云鰻肉滑鱓肉澁鰻脊骨圓鱓

脊骨方埤雅云焚鰻骨可辟蠹魚有雌無雄以影漫鱧而生子趙辟公雜說曰凡以眡抱者鵁鶄鸛雀也以影抱者黿鼉鼈也有鰻鱺者以影漫于鱧魚則其子皆附鱧之鬐鬣而生故謂之漫鱺也鰻鱺善攻碕岸便輙圮

狀鰻 生江水中頭似鰻而身似鱓味美多沿中惟脊骨旁無他刺 補疏

鱒似 鰻目中赤色一道橫貫瞳食螺蚌好獨行

按鱒好獨行制字从尊鱒讀如蹲詩九罭之魚鱒魴以魚美而稱之亦有兩三尾同行者

鮎　一名鯷偃額兩目上陳頭大尾小口方背青黑無鱗多涎

鱴魺　似鮎而小邊有刺能螫人其聲鱴魺本草名黄顙至能醒酒鱴音于方切

按鱴魺四明謂之鱴頰有三刺一生背上二生兩腮其刺取以發痘如神一説鮎亦

產鰻蓋乳子三分之二爲鮎魚其一鰻也

海鰌　鰌魚　泥鰌　鰍魚　田鰌

海鰌最巨能吞舟日中閃鬐鬣若簸朱旗

按海鰌噴沫飛洒成雨其來也移若山嶽乍出乍没舟人相值必鳴金鼓以怖之布米以厭之鰌攸然而逝否則鮮不罹害間有斃沙上者土人梯而臠之刳其脂爲油艌船甚佳

鰌似鱓而短首尖而鋭色黄無鱗以涎自染難

握

按鰌好與魚爲牝牡制字从魚从酋甍蓊

乃佳

泥鰌 產水田中大如指夏月最多

鰍魚 似鰌小大錯生吐涎最多 補疏

田鱒 似鰍而大鮮食味腥甍乾味美 補疏

比目 鰈鯋

比目 狀如牛脾鱗細紫黑色一眼須兩魚相合

乃行

按比目閩廣謂之鞋底魚南粤謂之板魚

又謂之箬葉

鰈魦 形扁而薄邵武名鞋底魚又名潔沙

按潔音撻魚在江中行潔潔也左目明右

目晦昧今閩廣以此魚名比目蓋比目只

一目必兩魚相合乃行而此魚獨行殊非

比目也四明謂之江箬以形如箬故名又

謂之箬潔以其行潔潔故名

過臘

過臘頭類鯽身類鱖又類鰱魚肉微紅味美尾端有肉口中有牙如鋸好食蚶蚌以臘來春去故名過臘

按過臘四明謂之銅盆又名郭礡四時有之好入人家田中食蚶蚌入口殼輙碎亦猶鳧食螺雞食蜈蚣氣之制也

閩中海錯疏卷中

四明屠本畯田叔疏并按
晉安徐𤊹興公補疏

鱗部下

烏鰂 柔魚 墨斗 猴染

【烏鰂】一名墨魚大者名花枝形如鞋囊肉白皮斑無鱗八足前有二鬚極長集足在口緣喙在腹腹中血及膽正黑背上有骨潔白厚三四分形如布梭輕虛如通草可刻鏤以指剔之如粉

名海鰾鮹醫家取以入藥古稱是海若白事小吏一名河泊從事

按鰂遇風波即以二帶捉石浮身水上見人及大魚輒吐墨方數尺以混其身人反以是得之其墨能已心痛小魚蝦過其前輒吐墨涎致之性嗜烏每暴水上烏見以爲死便往啄之乃卷而食之月令九月寒烏入水化爲烏鰂唐韻所載羅願云此魚乃鷃烏所化盖水烏之似鶂者今其口足并目

尚存形似且以背上之骨驗之晒乾者閩
浙謂之明府

柔魚 似烏鰂而長色紫一名鎖管
按柔有骨如三層紙厚白而差紉云無骨
非也但鰂作腥柔不作腥而味佳

墨斗 似鎖管而小亦能吐墨 補疏

鍥㶿 比墨斗稍大比鎖管稍小 補疏

馬鮫 嘉酥魚 鰛

馬鮫 青斑色無鱗有齒又名章鮌連江志謂之

章胡

按閩志稱鯧魚肉理細嫩而茸馬鮫肉稍澁氣腥而不及鯧此說非也蓋鯧細口扁身而團無鱗無腸馬鮫銳口圓身而長無鱗有腸

嘉酥魚　海中魚之極大者重千斤琉球人以其脊爲酥販鬻閩中　補

鰛　似馬鮫而小有鱗大者僅三四寸

⿰魚州鯏　黃雀　青鮫

䲅鯆板身多鯁而肥美爾雅謂之當魰

黃雀似鯆而小冬月㝡盛

青鮫類黃雀而不甚大

帶魚 帶𩸞

帶身薄而長其形如帶銳口尖尾只一脊骨而無鯁無鱗入夜爛然有光大者長五六尺

帶𩸞帶之小者也味差不及帶

按帶冬月㝡盛一釣則群帶啣尾而升故市者獨多或言帶無尾者非也盖爲群帶

相啣而尾脫也

鱆魚　石拒　章擧 塗婆

鱆腹圓口在腹下多足足長環聚口傍紫色足上皆有圓文凸起腹內有黃褐色質如卵黃有黑如烏鰂墨有白粒如大麥味皆美明州謂之望潮

按鱆有腹無頭而俗以腹爲頭非也有名同而質異者廣南有蟳亦名望潮他日廣浙相傳慎勿以此物郎彼物也

石拒似鱆而極大居石穴中人或取之能以足粘石拒人

章舉紅舉也似石拒而大

塗婆章舉也似石拒而足短

按明州所産章舉大有至五六斤者與鱆魚性俱寒不可多食能發宿疾

鯢

鯢鮭也一名胡夷一名鯸鮐一名河豚狀如科斗腹下白背上青有黄文眼能開閉頭無腮腹

無膽觸物輒嗔腹張如鞠浮於水上味至美然
有毒能殺人

按鯸無腮無膽故肝寂毒肝血及子入口
爛舌入腹爛腸以其味美吳浙喜食之今
烹者必覆蓋蒙密忌炱煤落其中雜以荻
芽或橄欖煮之方可食予在兩淮食河豚
而隸卒取其子去製以市人皮肚絜白俗
名西施乳

水母

水母一名鮀一名鮓海中浮漚所結也色正白濛濛如沫又如凝血縱廣數尺有知識無腹臟無頭目處所不知避人隨其東西以蝦爲目無蝦則浮沉不常蝦憑之其泯水如飛蝦見人驚去鮀亦隨之而没潮退蝦棄之於陸故爲人所獲○本草謂水母爲樗蒲魚北戶録謂水母爲鮓一名石鏡南人治而食之性熱偏療河魚疾也

補疏

按物類相感志云水母大者如床小者如

斗明州謂之蝦鮓其紅者名海蜇其白者
名白皮子皮切作縷名水母線嶺表異録
云淡紫色大者如覆帽小者如碗腹下有
物如懸絮

魟魚 鯢魟 水盖 斑車 黄貂

黑魟形如團扇口在腹下無鱗軟骨紫黑色尾
長於身能螫人○此魚頭圓秃如燕身圓褊如
簸尾圓長如牛尾其尾極毒能螫人有中之者
旧夜號呼不止以其首似燕名燕魟魚以其尾

似牛尾故又名牛尾魚其味美在肝俗呼䱱魚

補疏

鯇魟背厚尾長有蜧大者二三百斤

水盎背差薄於鯇劉之多水

斑車背上有斑肉粗而味腴大者三四百斤其腹中有肚味更佳

黃貂似燕而嘴尖土人藁以爲鱶僞作燕

按魟其種不一而骨肉同諸魟以黃貂爲第一

彈塗　　白頰　　塗虱

彈塗大如拇指鬚鬣青斑色生泥穴中夜則駢首朝北一名跳魚海物異名記云登物捷若猴然故名泥猴

白頰似跳魚而頰白

塗虱生於泥中如虱故名一呼塗虱有刺彈人一名彈琵田塍潭底往往有之一名田琵

鯪魚　　白鰾

鯪長七八寸骨柔無鱗類鯪之半有五色文

白鰾 形圓薄類錢一名金錢鰾

丁斑　魴鮃　溪斑　重唇

疊甲

丁斑 大如指長二三寸身有花文紅綠相間尾鮮紅有黃點善鬭人家盆中畜之一名鬭魚養成半載尾上起鬐長寸許

魴鮃 大如拇指有五色

溪斑 黃質黑斑身圓鱗細大者長五六寸

重唇 頭大尾小無鱗長三寸許生石穴中

疊甲身圓長四五寸鱗有兩重無味

銀魚　　䱇條　漿魚　白沫

銀魚口尖身銳瑩白如銀條

䱇條似銀魚而極大一名白飯魚

漿魚似䱇條而觜小

白沫梅雨時海水凝沫而成形雪色無骨其大如筋巋之味厚名丁香鮣

鰔魚　　錢串

鰔狀似鱠其喙如針

錢串　身長而小嘴長五六寸青色亦名青針

海燕　飛魚

海燕　形如飛燕有肉翅能奮飛海上

飛魚　頭大尾小有肉翅一躍十餘丈

白魚　黄魚　鰦　竹魚　大面

白魚　板身色白頭昂多細鯁大者六七尺生江中

黄魚　身扁薄而多鯁色黄

鰦　頭微而小扁

竹魚身甚薄

大面板身濶二三寸尾無鱗

鏡魚　圓眼

鏡魚眼圓如鏡水上翻轉如車亦名翻車魚

圓眼口尖眼圓而赤

黃𩼰　黃鱨　䱊魚　金鮐

寸金

黃𩼰鱗細黃赤色

黃鱨鱗黃色

耍魚厥狀纖細名黃絲耍

金鮐尾脊有細鱗金色

寸金長寸許黃色出寧德縣七都

火魚　緋魚

火魚隨潮蔽江結陣而來故名

按興化志不載魚形色但云結陣而來則

火字當作夥

緋魚色如緋○宋志云緋魚色如緋今海上有

一種紅桃魚全緋又一種新婦魚近緋二者不

知河指補疏

白刀　⿰魚歷　鱱　白澤

白刀　白鱗形似刀生江河間

⿰魚歷　身長鱗白

鱱　大者長五六寸白質黑章味美少鯁

白澤　海物異名記云群生隨波潮縮在澤

鯖鯷　鱅　鯶

鯖鯷　背青身長一名青魚

鱅　雌生卵雄吞之成魚青色無鱗一名松魚

鰰色微黑一名鯤

楓葉　琵琶　鹿角

楓葉海物異名記云海樹霜葉風飄浪翻腐若螢化厥質爲魚

琵琶身扁狀似琵琶無鱗生南越者長二丈述異記云海魚千歲爲劍魚

鹿角海物異名記曰芒角持戴在鼻小者醃爲鮓味佳大者長五六寸其皮可以角錯

抱石　石伏

抱石　出於山溪背偃而腹平大如指常貼於石上土人取以爲腊

石伏　伏於溪下

鮀魚　土䱨

鮀　無皮鱗嶺南呼爲綿魚

土䱨　形如䱊魝

蠱鮐　鯏　骰魚

蠱鮐　尾有腥多穴于田塍或泥岸中

鯏　一名鮞魚味不佳

蝦細如米粒可鮓長樂所産春月取多即魚苗之大者土人名舜思魚

䱀魚　鬬潮

䱀魚海産其類甚衆皆可食

鬬潮乘波霧集

蝦　蝦魁　蝦姑　白蝦　草蝦　梅蝦
蘆蝦　稻蝦　對蝦　赤尾　塗苗
金鉤子
海蜈蚣

蝦魁嶺表異録云前兩脚大如人指長尺餘上有芒刺銛硬手不可觸腦殼微有錯身彎環亦

長尺餘熟之鮮紅色一名蝦盃俗呼龍蝦

按閩部疏云海味重於天下者稱西施舌江珧柱泉漳閩皆有之而苦不稱美其它鱗介殊狀異態多不可名而最奇者龍蝦置盤中猶蠕動長可一尺許其鬚四繚長半其身目睛凸出上隱起二角負介昂藏體似小龍尾後吐紅子色奪榴花眞奇種也

蝦姑　形如蜈蚣能食諸蝦

白蝦 生江浦中郡城南有白蝦浦

草蝦 頭大身促前兩足大而長生池澤中

梅蝦 梅雨時出洲渚間

蘆蝦 是蘆葦所變味甘美鮓之尤妙國初嘗進貢

稻蝦 是稻花所變

對蝦 土人腊之兩兩對挿以寄遠

赤尾 蝦之小者即天津之滷蝦

塗苗 海物異名記謂之醬蝦細如針芒海濵人

醎以爲醬不及南通州出長樂港尾者佳梅花所者不中

金鈎子 小於赤尾晒乾淡者佳

海蝦蛄 狀類蝦姑産興化海中土人取之切以爲膾食 補疏

按蝦其種不一而肉味同諸蝦以蝦䖞爲第一此外又有凉蝦等不能盡録

鯪鯉

鯪鯉 一名穿山甲似鯉而有四足鱗甲堅厚常

吐舌出涎須螻蟻满其上乃卷而食之

蝦蟆　蟾蜍　大約　雨蛤

石鱗

蝦蟆大如栂指微黄腹白生草澤間其鳴呀呷

蟾蜍皮皺色黑頭腹大而脚細好服墻陰下

大約青背黄脊一路微黑腹平而色黄褐嘴尖當項兩傍有白圈

雨蛤一名雨鬼形如蝦蟆大如小栂指天將雨則鳴

按自蝦蟆至石鱗凡五種皆陸產而蟾蜍絶壽有至千歲者五月五日得之謂之辟兵古稱月中有蟾蜍也石鱗神物閩人珍以爲上品故別論

石鱗生高山深澗中皮斑肉白味美晝伏竇中夜居山頭石頂取高處捕者不可預相告語密以黄曆首一葉納諸竈中即抱松明措火而去緣崖扱石以火照之見火輒醉不動十不脱一閩人歆羨以比爲佳品俗名石鱗魚又曰谷東

按石鱗似水雞而巨肉嫩骨粗而脆水雞似石鱗而小肉粗骨細而軟望火投明此類性之常也而云見火輒醉不動非也往予聞閩人言石鱗靈物人往捕執炬出門禁毋相告至彼可獲否則俱匿矣炬至鱗群坐石上觀火不動以是盡得之何獨靈於聞聲而昧於觀火耶

水雞　尖嘴蛤　青約　青鮰

黃鮰

水雞似石鱗而小色黄皮皺頭大嘴短其鳴甚壯如在甕中

尖嘴蛤背黄脊一路微黑腹大聲微白色似水雞而小

青約身青嘴尖脊一路微黑腹細而白

青鯉一名蛙

黄鯉類水雞

按自水雞至黄鯉凡五種皆水產而水雞可食味不及石鱗黄鯉可食味不及水雞

閩人惟食石鱗水雞而黃鯽等種則皆不食之也

閩中海錯疏卷下

四明屠本畯田叔疏并按
晉安徐　𤊹興公補　疏

介部

龜

【龜】外骨內肉腸屬於首廣肩背微圻如皺其文應八卦脇肋有文應二十四氣無雄與蛇爲牝牡𡖊生不咽囙粟善藏久能行氣水陸皆之

按龜與蛇合故曰玄武羅碩云靈龜文五

色似玉似金背陰向陽上隆象天下平象地盤衍象山四趾轉運應四時文著象二十八宿蛇頭龍翅左精象日右精象月千歲之化下氣上通能知存亡吉凶之變千年之龜游於芩葉之上芩令耳草也葉圓小而有刺言龜久而神靈能變形大小也令人見小龜以爲千歲非也逸禮云龜三千歲游於卷荷之上化書曰牝牡之道龜龜相顧神交也鶴鶴相唳氣交也言龜雖

與鮀合亦與神交崔豹古今注曰鼉一名

黒衣督郵

鱉

鱉一名團魚一名脚魚郊生形圓穹脊連脇四周有羣外肉内骨而以眼聽行蹣跚以蛇為雄頸中有軟骨與鱉相似名曰醜食時當剔去之不可與莧同食

按鱉隨日光所轉朝首東嚮夕首西嚮鱉之所在上有浮沫謂之鱉津捕者以是得

之與黿皆隔津望卵而生故曰黿思鱉望養魚經曰魚滿三百六十則蛟龍將魚飛去納鱉則不復去故曰神守

蠏 毛蠏 金錢蠏 石鹽 蟚螁 海蟳
蟛蜞 虎獅 桀步
金蟳 虎蟳 蠘 千人擘
蘆禽 塗蝍

蠏 八跪二螯堅殼其行郭索八足折而容俯故謂之跪兩螯倨而容仰故謂之螯制字从解以隨潮解甲也殼上多作十二點深胭脂色亦猶鯉之三十六鱗月盛腹中肉虛月衰腹中肉消

臍尖者牡團者牝

毛蟹 青黑色螯足皆有毛

金錢蟹 形如大錢中黄最飽酒之味佳 補疏

石蟹 狀如蟛蜞而長不及寸廣僅半之土人治以薦酒殻堅味鹹寒醫家取以治目眚

蟛蟣 似石蟹而小微黄色左螯大而無毛其行斜傍

螃蜞 似蟛蟣而大右螯小而赤生溝渠中

虎獅 形似虎頭有紅赤斑點螯扁與爪皆有毛

桀步 一名擁劍橫行螯大小不一以大者鬬小者食一名執火以其螯赤也一名揭哺子

海蟳 蝤蛑也長尺餘殼圓色青兩螯至強能與虎鬬

金蟳 色黃

虎蟳 文有虎斑

蘆禽 形似蟛越生海畔 補疏

塗蚚 俗呼塗鎮產長樂 補疏

按閩部疏云蠏之別種曰蝤蛑吾地名黃

甲此名海蟳特多此種而蟳乃爲異狀不
中食此又一種非眞蟳也獨與化數里河
中有蟳形味似吳中而土人不之重豈曰
厭海錯不能別味耶

蠘 似蟳而大殼兩傍尖出而多黃螯有稜鋸利
截物如剪故曰蠘折其螯隨復更生故曰龍易
骨蛇易皮鹿麋易角蟳易螯二三月應候而至
膏滿殼子滿臍過是則味不及矣

千人擘 狀如蝦姑殼堅硬人盡力擘之不開海

物異名記云千人擘聚剌獱殼擘不能開酉陽雜俎謂之千人捏

蚶　珠蚶　絲蚶

蚶　殼厚有稜狀如屋上瓦壠肉紫色大或專車殼可爲器

珠蚶　蚶之極細者形如薖子而扁

按四明蚶有二種一種人家水田中種而生者一種海塗中不種而生者曰野蚶殼

緇色而大肉紉醫書取殼入藥名瓦壠子

絲蚶 殼上有文如絲色微黑比珠蚶稍大產長樂縣

蛤蜊　赤蛤　海紅　蝍蟯　蜞蝍　沙蛤
　　　紅栗　丈蛤　海蛤　沙虱　紅綠
　　　七鈚　白蛤　車螯　螯白

蛤蜊 殼白厚而圓肉如車螯○蛤蜊止消渴開胃氣解酒毒以蘿蔔煑之其柱易脫（補疏）

赤蛤 殼上有花文赤色

海紅 形類赤蛤而大

蝍蟯 形似蛤蜊而白合口處色黑俗呼爲懶績

麻

蜞螂似蛤蜊

沙蛤土匙也產吳航似蛤蜊而長大有舌白色名西施舌味佳

按閩部疏云海錯出東四郡者以西施舌爲第一蠣房次之西施舌本名車蛤以美見謚出長樂灣中

紅栗似蛤而小色白而微紅

文蛤殼有文理唐時嘗充土貢亦名 補疏

海蛤 其殼久爲風濤所洗自然圓淨 補疏

沙虱 似鄉蜣而殼差薄

紅緑 似蛤而小味美

土銚 一名沙屑殼薄而緑色有尾而白色味佳

白蛤 一名空豸泉人呼爲江大似蛤而小殼薄色白又名泥星

按蛤其種不一而味皆同南海志云蛤一月生一暈南越志云凡蛤之屬開口聞雷鳴則不復閉

車螯　陳藏器云大蛤也殼有花文肉白色大者如碟小者如拳

螯白　車螯之最小者也

按閩部疏云陶方伯嘗言閩中海錯蚶不四明蛤不揚州蠏不三吳余以爲然蚶大而不種故不佳蛤乃車螯非蛤蜊也

蠣房　草鞋蠣　黃蠣

蠣房　一名牡礪出海島麗石而生其殼磈礧相粘如房嶺表異錄謂之蠔山地無石灰者燒蠣

殼爲之

草鞋蠣生海中大如盃漁者以繩繫腰入水取之

黄蠣五六月有之大於蠣房數倍味雖不如蠣房而汁亦適口但牡蠣可爲醬此不堪醃耳 補疏

殼菜 沙箭 烏投 烏蛤 江珧柱

殼菜一名淡菜一名海夫人生海石上以苔爲根殼長而堅硬紫色味最珍生四明者肉大而肥閩中者肉瘦其乾者閩人呼曰幹四明呼爲

乾肉○殼菜形似珠毋一頭尖中銜少毛號東海夫人本草云形雖不典而甚益人補疏

沙箭 淡菜之小者

烏蛤 似淡菜而極小中無毛

烏投 味其似烏蛤而殼堅中有毛

按殼菜生四明者殼黑而厚形如斧頭形䩞而味美本草云海中有物其形如牝紅者補血白者補腎今閩中取以煑湯治痢疾

海䖳柱 一名馬甲柱海物異名記云厥甲美如瑶玉肉柱膚寸名江珧柱

按江珧殼色如淡菜上銳下平大者長尺許肉白而紉柱圓而脆沙蛤之美在舌江珧之美在柱四明奉化縣者佳

蜂 蛤青 蜆翠翠

蟒 蛣也肉如蛤蜊殼厚而長腹中有蠏子如榆莢合體共生時出取食復入殼中一名璅蛣生於曲岸中故曰蛣

蛤青 似蟀而殼薄青色

蜆 似蟀而小色黄殼薄○俗謂之蟟有黄蟟土蟟之别大江者可食他小浦中有之有土氣不堪用 補疏

翠翠 似蟀而殼翠

海月 石華 石帆 沙筯

海月 形圓如月亦謂之蠣鏡土人多磨蠣其殼使之通明鱗次以蓋天窓本草云水沫所化煑時猶化爲水嶺南謂之海鏡又曰明瓦

按海月嶺表録異云廣人呼爲膏葉兩片合以成形殻圓中甚瑩滑白照如雲母光内有小肉如蜯蛤腹中有蠏子甚小頭黄而螯足具備海鏡餓則蠏出拾食蠏飽腹満海鏡亦飽或近之以火則蠏子走出離腸腹立斃或生剖之有蠏子活在腹中逡巡亦斃

石華附石而生方言謂之石雹肉如蠣房殻如牡蠣而大可飾户牖天窓

按謝靈運詩云挂席拾海月揚帆採石華

其味與海月俱同蠣房

石帆 紫黑色枝柯相動連帶不絕生海上石穴中

沙筯 長尺餘其狀如簪故又名塗釵嶺表録異云生海岸沙中春時吐苗其心若骨白而勁可為酒籌

泥笋 沙蚕 土鑽

泥笋 其形如笋而小生江中形醜味茸一名土

筍

沙蚕 似土筍而長

土鑽 似沙蚕而長

龜腳　蠘　老蜂牙　石磷

龜腳 一名石蜐生石上如人指甲連支帶肉一名仙人掌一名佛手蚶春夏生苗如海藻亦有花生四明者肥美

按石蜐生海中石上如蠣房之附石也形如龜腳故名近甲處有軟爪黑色肉白味

佳秋生冬盛來年正月得春雨軟爪開花
如絲散在甲外郭璞江賦所稱石蜐應節
而揚葩是也

蜮 生海中附石殼如麀蹄殼在上肉在下大者
如雀卵

老蜂牙 似蜮而味厚一名牛蹄以形似之

石磷 形如箬笠殼在上肉在下

石決明　海膽　石[illegible]　寄生

石決明 附石而生惟一殼無對大者如手小者

如兩三指旁有十數孔一說即鰒魚本草圖經
云鰒魚別是一種與决明相近○石决明俗名
將軍帽温州與登州海中俱有之即名鰒魚温
人醃用登人淡晒乾串入京餽遺補疏
按閩部疏云蠣房雖介屬附石乃生得潮
而活凡海濵無石山溪無潮處皆不生余
過莆迎仙寨橋時潮方落兒童群下皆就
石間剔取肉去殼連石不可動或留之仍
能生其生半與石俱情在有無之間殆非

蛤蜊比也後漢書鰒魚註云鰒無鱗有殼一面附石細孔雜雜或七或九即以狀蠣房何所不可南蠣比鰒是故造化介生别搆

海膽　殼圓如盂外結密刺内有膏黄色土人以爲醬

按海膽四明謂之海績筐海濵人取殼磨粉合米醬中其膏入鹽按酒亦名曰醬

石蜐　形圓色黄肉紫有刺人觸之則刺動搖

寄生 海上枯𧓍殼存者寄生其中負殼而走形如蟹四足兩螯大如榆莢其味若蝦得之者不煩剔取炙之即出以肉不附也炒食味亦脆美

蟶 生海泥中大如指長三寸許肉白殼薄兩頭稍開

蟶　竹蟶　玉筯蟶

竹蟶 似蟶而長大殼厚

玉筯蟶 似蟶而小三月麥熟時最盛以其形如麥稿又名麥稿蟶

鱟 音候

【鱟】形圓如熨斗如便面如惠文冠廣尺許有刺頭如蜣蜋而骨眼眼在背上背青黑色而旁其血蔚藍熟之純白而肉甚甘美當脊一行兩旁亦刺殼覆身上腹下十二足長五六寸環口而生尾銳而長觸之能刺斷而置地其行郭索雌嘗負雄捕得其雄雌亦就斃雄少肉雌多子子如綠豆大而黃色布滿骨骼中東浙閩廣人重之以為酢謂之鱟子醬殼可屈為杓轑釜輒盡

尾可爲如意○鱟魚口足皆在覆斗之下海中每
雌負雄漁必雙得以之以竹編爲一甲鬻焉本草
云牝牡相隨牝者背上有目牡者無目牡得牝
始行牝去牡死其尾燒烟可辟蚊蚋韓退之詩
鱟實如惠文骨眼相附行補疏
按便面古扇婦人取以障面者惠文秦漢
以來武冠侍中中常侍則加金璫貂蟬之
飾謂之趙惠文冠蓋狀鱟形也鱟產子時
先往石邊周匝擦之鏬裂而生雌嘗負雄

故獲必得雙其、相負乘也雖風濤終、不解
謂之鱟媚過海輙相負於背高尺餘乘風
游行如帆謂之鱟帆其衆如潬栰謂之鱟
潬其善候風故又曰如候也埤雅云鱟性畏
蚊蚊小螫之輙斃然未知其故又暴之日往
往無恙隙光射之卽死嶺表異録云雄小
雌大置之水中雄者浮雌者沉

螺　香螺　鈿螺　紫背
　　鸚鵡　泥螺　米螺

香螺大如甌長數寸其掩雜衆香燒之使益芳

獨烧則臭諸螺之中此螺味最厚本草謂之甲香

鈿螺 光彩如鈿可餙鏡背

紫背 紫色有斑點俗謂之研螺

鸚鵡螺 狀若鸚鵡堪作酒盃

泥螺 一名土鐵一名塗螺一名梅螺殼似螺而薄肉如蝸牛而短多涎有膏

按泥螺產四明鄞縣南田者爲第一春三月初生極細如米殼軟味美至四月初旬

稍大至五月肉大脂膏滿腹以梅雨中取者爲梅螺可久藏酒浸一兩宿膏溢殼外瑩若水晶秋月取者肉硬膏少味不及春閩中者肉礧磈無脂膏不中食

米螺 小粒似米肉可食

螺
田螺　溪螺　黄螺　紅螺　蔘螺
榜尾　馬蹄　指甲　江桄　鵓鴿
花螺　竹螺　油螺　醋螺　莎螺

田螺 似黄螺而差小生水田中

溪螺 似田螺差小而長

黄螺 殼硬色黄味美其黑而微刺者尤佳

紅螺 肉可爲醬

蔘螺 大如拇指有刺味辛如蔘

棱尾 殼細而長文如雕鏤味佳

馬蹄 形似故名

指甲 以形似名之

江撓 指甲之大者

鵁鶄螺 殼小而厚黑色土人端午用之

花螺 圓而扁殼有斑點味勝黄螺

竹螺 殼文麄而尾脆味清香

油螺 形如花螺殼汞鹽之味美產興化補疏

醋螺 出洪塘江去殼醃其肉味佳補疏

港螺 形如竹螺味微苦尾極脆補疏

按螺其種不一而肉多同惟殼異此外若

石螺螄種種不能悉録

龍虱

龍虱 似蟾蜍而小黑色兩翅六足秋月暴風起

從海上飛來落水田或池塘海濱人撈取油鹽

製藏珍之

按龍虱類水蟲但龍虱來自海外水蟲出自水中故以爲異閩人言是龍身上虱或然耳外省人罕食

鹺丞本畯將入閩分陝使者曰狀海錯來吾徵閩越而通之丞入閩疏鱗介二百有奇以復且訓客閩分陝使者今太常卿余公君房也丙申歲嵩溪三層閣上題

附録

按非地所產而有者咸附録之徵異品也

後有見聞冀當聯絡看本畯記

海粉 出廣南亦名綠菜

按海粉閩志云有物類墨魚者吐涎而成予往時聞閩人說即海參吐出絲也色有青黃不同者以海參食海中青藻故吐絲青食黃藻故吐絲黃閩中鄉先生陳大叅文堂公云向時在廣南親見此物如竹蟶

而薄殼以足裹鞋揣之則吐絲絲盡而此物空洞只存殼矣二說不同要之目覩者爲真其味甚清可降痰火

燕窩出廣南

按燕窩相傳冬月燕子啣小魚入海島洞中壘窩明歲春初燕棄窩去人往取之一說燕于冬月先啣鳥毛綢繆洞中次啣魚築室泥封戶牖伏氣于中氣結而成明春飛去人以是得之圓如椰子須刀去毛劈

片水洗淨可用閩部疏云燕窩菜竟不辨是何物漳海邊已有之蓋海燕所築銜之飛渡海中翮力倦則擲置海面浮之若杯身坐其中久之復銜以飛多為海風吹泊山澳海人得之以貨大奇大奇海語載海鷰大如鳩春回巢於古巖危壁葺壘乃白海菜也島夷伺其秋去以脩竿執取而鬻之謂之海鷰窩隨船至廣貴家宴品珍之其價翔矣暇據三說不同海語所載名近

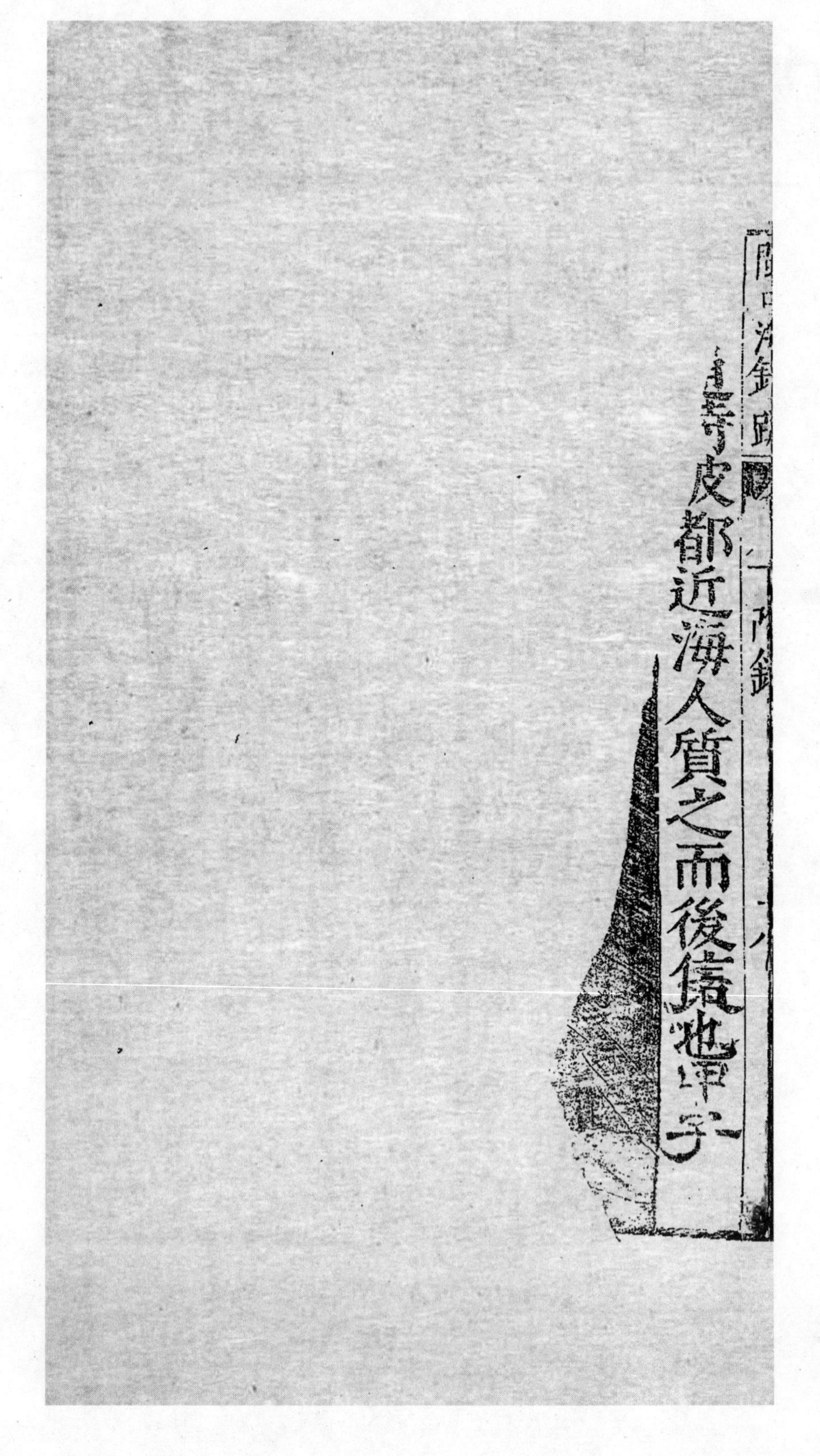

閩海錄 ……

……壽皮都近海人質之而後信也畢子

記海錯

記海錯

一卷

〔清〕郝懿行 撰

清光緒五年東路廳署刻《郝氏遺書》本

海錯一
卷

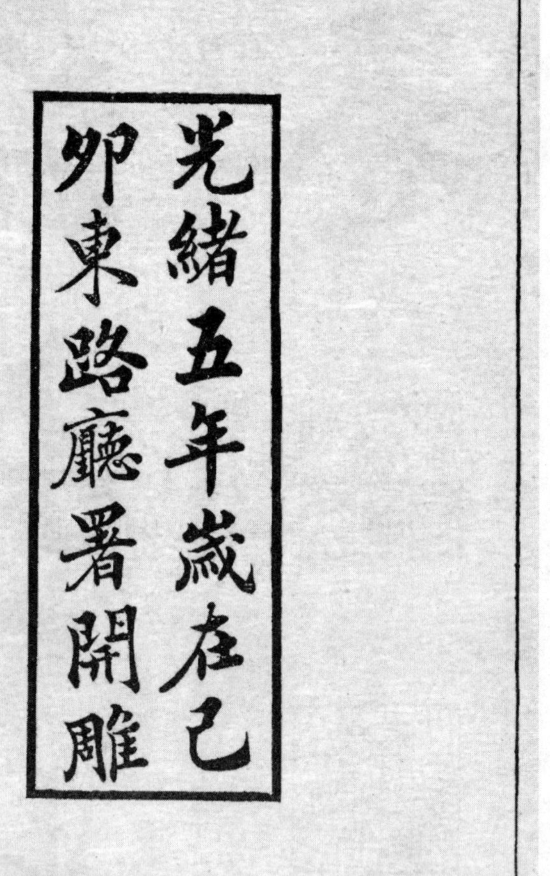

光緒五年歲在己卯東路廳署開雕

序

農部郝君恂九自幼窮經老而益篤日屈身於打頭小屋孜孜不輟有餘閒記海錯一冊舉鄉里之稱名證以古書而得其實逼刻畫其形亦逼肖也吾將持此冊以語東海波臣意必有揚鬐鼓鬣喜其徵實不誣者乎第恐枯魚過河而泣曰甯與若相忘於江湖也甲戌臘日王善寶題於湖南官署

記海錯

棲霞郝懿行著

海錯者禹貢圖中物也故書雅記厥類實繁古人言矣而不必見今人見矣而不能言余家近海習於海久所見海族亦孔之多遊子思鄉興言記之所見不具錄錄其資攷證者庶補禹貢疏之闕略焉時嘉慶丁卯戊辰書

嘉鯕魚

登萊海中有魚厥體豐碩鱗鬐赬紫尾盡赤色詩言魴魚赬尾

此近似之啖之肥美其頭骨及目多肪腴有佳味率以三四月間至經宿味輒敗京師人將冰船貨致都下因其形象謂之大頭魚亦曰海鯽魚土人謂之嘉鯕魚案許氏說文鮇鯕魚出東萊廣韻云鮇鯕鯿魚也謂之鯿魚亦因其形似耳其鱗色赤黑者謂之海鮇味不及嘉鯕許云出東萊者今茲魚獨登萊有之舊唯出登州故海人言嘉鯕不過三山今亦過萊而西矣是鮇鯕即嘉鯕讀如基蓋一物二種或古今異名也又水經江水注云江之左岸有巴鄉邨人善釀酒邨側谿中有魚其頭似羊豐肉少骨美於餘魚余謂今嘉

鯕頭骨童兒掇拾插點爲羊其首顱乃傴背叉豐肉少骨美於餘魚酈注所稱疑爲一物唯生於江海爲異耳亦猶魚枕象丁魚尾象丙之類矣因感爾雅之交辨證於此此一條丙寅年秋八月讀水經注因記之

魱鮥魚

爾雅釋魚云鮥當魱郭璞注云海魚也似鯿而大鱗肥美多鯁今江東呼其最大長三尺者爲當魱余案此即今之魱鮥魚海人或謂之鮝魚非也鮝音想俗字也按香祖筆記二云山海經何羅魚出譙明山譙水中聲如吠犬食之已癰今登萊海上三月何羅魚始至味甚美即甯波之鮝也漁

洋此說蓋誤　魱郭璞音胡一音互鮥呂忱音格今登萊人讀
魱音如河鮥音如洛蓋胡河聲轉格洛皆古音也郭云
海魚正指此而近人說爾雅者以爲今之鰣魚誤矣魱
鮥鰣魚雖同類之物出於江海則異今驗魱鮥鱗有異
采入夜光明鰣魚質微小而鱗采尤殊婦人用飾花鈿
也形俱似鯿大鱗而多骨啖者畏之又釋魚鮥當魱與
鮥鯸鮪連文陸德明音義於鮥云字林作鮥巨救反於
鮥云字林作鮥音格云當魱也然則呂忱所見爾雅本
作鮥當魱與今本異證以登萊人魱鮥之讀當由自古

相傳以爲然呂所見必是漢魏以來古本也

鯔魚

吳志吳範劉惇趙達傳裴松之注引葛洪神仙傳曰仙人介象吳主共論鱠魚何者最美象曰鯔魚爲上吳主曰此出海中安可得邪象曰可得耳乃令人於殿庭中作方埳汲水滿之垂綸於埳中須臾果得鯔魚吳主驚喜唐慎微大觀本草云鯔魚似鯉身圓頭扁骨輭生江海淺水中余案鯔之言緇也其色青黑而目亦青又有㮲魚其形與鯔魚同唯目作黃色爲異當是一類二種

耳其肉作鱠菈美故吳主云爾而以爲出海中今登萊海上冬春間多有之廣韻云鯔側持切魚名即此椶魚出文登海中者佳以冰半時來彼人珍之呼開凌椶

老般魚

老般魚者老槃魚也太平御覽九百三十九引魏武四時食制曰蕃踰魚一曰蕃羽魚如鼈大如箕甲上邊有髯無頭口在腹下尾長數尺有節有毒螫人文選江賦注引臨海水土異物志曰鱝魚如圓盤口在腹下尾端有毒余案此物即今之土魚形與老般無異唯微厚腹色黄

俗呼爲黃裹大者爲黃金牛頭與身連非無頭也尾如彘尾而無毛有刺如鍼螫人立斃陳藏器本艸拾遺謂之海鷂魚一名蕃蹋魚蹋疑當作羽一名鱝魚一名荷魚一名少陽魚少亦作邵凡有數名覈其形狀與老般魚皆即一類而老般實無毒其狀如長柄荷葉故亦名荷魚又形頗近隸書命字俗人因呼命魚也食制云如籠非也形乃正圜如槃般古音同槃故知老般即老槃也體有涎鮭輭甲甲邊鬊皆輭骨骨如竹節正白然其肉蒸食之美也其骨彔肶亦可啖之

鱴魚

登萊海中有魚灰黑色無鱗有甲形似鮐魚而背無黑文體復長大其子壓乾可以餉遠俗人謂之鰔魚然鰔非魚名也余案廣韻四十禡䑛紐下有鱴字白駕切云海魚也是鰔當作鱴矣

海豚

海豚登萊閒人呼爲挺拔蓋俗音譌轉失眞也古呼爲鯸鮐玉篇作鯸鮔今人多不識其形狀唯文選中說之極詳劉逵吳都賦注云鯸鮐魚狀如科斗大者尺餘腹

下白背上青黑有黄文性有毒雖小獺及大魚不敢啖之蒸煑啖之肥美豫章人珍之是其形狀也今驗其魚腹上有刺如鐪物錯小兒取其皮蒙鼓自頭至尾全如科斗形目解開闔異於餘魚其性善怒物觸著之卽氣滿於腹沈括筆談所謂吹肚魚者也古云其肝殺人今海人摘去其肝滌其血盡肉白而肥不殊玉鱠剉蘆根同煑蓋蘆根汁能解河豚毒也故蘇軾詩云蔞蒿滿地蘆芽短正是河豚欲上時又橄欖極解魚毒陳藏器本草拾遺云其木主䰽魚毒此木作檝撥著䰽魚皆浮出

今案鯢當作規補筆談云浙東人呼河豚爲規魚又有生海中者名海規是也而大觀本草既載鯸鮧（當作鮐）又出鯢魚一條蓋不知卽一物也又其魚子有大毒不可啖之今海人取其子醃海岸沙中經三伏出之卽無毒可啖壓極乾可以餉遠也

蟹

海錯之中蟹族甚多不可殫述大者盈車細者如豆狀類難名其尤異者甲上有文作老人面鬚眉畢具謂之鬼蟹蓋說文所謂蛫（過委切）蟹也文登海中有蟹大小如

錢厚踰寸半宜緐炙連骨啖之味極肥美彼人所謂獨鹿者也（海人讀鹿爲栗）別有一種似蟹而小其色微黃脊（俗作螯）蹏俱短不可食蔡謨啖之幾死本草陶注所謂蟚蜞者也又海壖間泥孔漏穿平望彌目穴邊有一小蟹跂腳昂頭側身遙睇見人欻入所謂望潮此種是也亦不可食余聞海邊人有啖蟹遇毒者或言蟹食鯸鮐子殺人非也歲歲春時海豚大上卽如是殺人多矣殊不爾也舊說蟹食水莨（集韻音建）草毒人如遇其毒須蘆根橄欖子解之本草云

鰒魚

漢書王莽傳云莽憂懣不能食亶飲酒啗鰒魚顔師古注曰鰒海魚也音雹後漢書伏隆傳云張步遣使隨隆詣闕上書獻鰒魚章懷注引郭璞注三蒼云鰒似蛤偏著石又引廣志曰鰒無鱗有殼一面附石細孔雜雜或七或九本草云石決明一名鰒魚音步角反余案陶隱居本草注云石決明是鰒魚甲附石生大者如手明耀五色內亦含珠今驗鰒甲隻而無對內含光明善治目盲故名九孔螺一名千里光其肉如馬蹏用炭灰腌之

經久不敗可以餉遠登萊尤多海人謂之鮑魚誤也鮑乃乾魚本草謂之蕭折蓋鮑鰒聲轉字隨音譌俗人不知遂書作鮑魚耳又鰒是蠃蛤之屬非魚族也自說文訓鰒爲海魚諸書皆仍之今從古

蛇

文選江賦云水母目蝦李善注引南越志曰海岸閒頗有水母東海謂之蛇正白濛濛如沫生物有智識無耳目故不知避人常有蝦依隨之蝦見人則驚此物亦隨之而沒蛇音蜡余案蛇今海人名爲蜇蜇是俗作字又

因聲近譌轉也蜇讀如哲按香祖筆記十以鴟夷爲河豚樗蒲爲海蜇廣韻四十禡蛇音除駕切云水母也一名蟦形如羊胃無目以蝦爲目今驗蛇之形狀惟南越志說之極詳其物大者有如一間屋體如水沫結成海人採得之漬以礬下盡其水形如豬肪或蹙縮如羊胃人有貨致都中者用窑器收之經年味不變豪之以醯啖之極脆可以案酒

八帶魚

文選江賦云蜛蝫森衰以垂翹李善注引南越志曰蜛蝫一頭尾有數條長二三尺左右有腳狀如蠶可食今

驗此物海人名蛸音梢春來者名桃花蛸頭如肉彈丸都無口目處其口目乃在腹下多足如革帶散垂故名之八帶魚腳下皆列圓釘有類蠶腳其力大者釘著船不能解脫也

昆布

爾雅釋草云綸似綸組似組東海有之太平御覽引吳普本草云綸布一名昆布陶隱居注云今惟出高麗繩把索之如卷麻作黃黑色柔韌可食又云今青苔紫菜皆似綸昆布亦似組恐卽是也余案登州高麗壤境毗

蓮中間惟限以海今昆布出登州者糾結如繩索之狀
一如陶說也昆綸聲相近是昆布卽綸矣而海帶則組
也海帶者青色而長登州人取乾之柔韌可以束物人
亦啖之昆布舊以充貢海帶今以供饌二物皆消結核
能下水青苔者陟釐也形如亂髮可爲紙又一種狀如
龍鬚相糾結如亂繩亦可啖爾雅之組疑或指此也紫
菜者劉逵吳都賦注云生海水中正青附石生取乾之
則紫色臨海常獻之而李善江賦注乃云紫菜色紫狀
如鹿角菜而細其說非也紫菜乾之乃紫輕薄若紙沃

以沸湯細如斷繩陶云似綸蓋以此耳鹿角菜附石而生形似鹿角與紫菜全別又不似綸組也又一種鳳頭菜出海陽南門外地名老龍頭亦附石生拳屈而纖形似蕨苗瀹以肉湯鮮美可啖彼人珍之謂之鳳頭勝於龍鬚也又有海青菜碧青色薄如紙煮爛凝之如凉粉縹色可觀切而啖之實以醯

郎君子

李珣海藥本草云郎君子生南海有雌雄狀似杏仁青碧色欲驗眞假口內含熱放醋中雌雄相逐逡廵便合

卽下卵如粟狀者眞也亦難得之物李時珍本草引顧玠海槎錄云相思子狀如螺中實如石大如豆藏篋笥積歲不壞若置醋中卽盤旋不已此卽郎君子也主治婦人難產手把之便生極驗余案此物今名相思石登州海瀕多有之小兒拾取供玩弄非難得也李珣所說得其情狀其云下卵如粟今亦未見也云主婦人難產其理未詳

蜌 依說文當爲陛又海蜌卽淡菜一名東海夫人非此

爾雅釋魚云蜌螷郭注云今江東呼蚌長而狹者爲螷

說文云蠯陛也脩爲蠯圜爲蠇既夕禮云東方之饋有蠯醢鄭注云蠯蜯也本草經有馬刀名醫別錄云一名馬蛤陶隱居注引李當之云生江漢中長六七寸漢間人名爲單母母蘇頌圖經作姥亦食其肉肉似蚌今人多不識之大都似今蜌蝷而非余案蜌蝷疊韻之字卽今蟶也蟶是俗作字海人呼蛙管蟶形圜長如竹管兩頭開閩粤人以水田種之謂之蟶田也馬刀卽蜆也海人呼蜆子音顯形如㓸草刀釋魚之蠯疑兼此二種

土肉

李善文選江賦注引臨海水土異物志曰土肉正黑如
小兒臂大長五寸中有腹無口目有三十足炙食余案
今登萊海中有物長尺許淺黄色純肉無骨混沌無口
目有腸胃海人沒水底取之置烈日中濡柔如欲消盡
瀹以鹽則定然味仍不鹹用炭灰腌之卽堅韌而黑收
乾之猶可長五六寸貨致遠方啖者珍之謂之海蔘蓋
以其補益人與人蔘同也臨海志所說當卽指此而云
有三十足今驗海蔘乃無足而背上肉刺如釘自然成
行列有二三十枚者臨海志欲指此爲足則非矣

石首魚

石首者腦中有白石子二枚瑩潔如玉廣雅云石首鯼也韋昭晉語注云石首成鯢鯢音鴨初學記三十引吳地志曰石首魚至秋化爲冠鳧冠鳧頭中猶有石也然則魚鳥同氣雉爲蜃雀爲蛤亦其類也魚大者二尺許小者尺許京師人名大者曰同羅魚小者曰黃花魚皆巨口弱骨細鱗鱗作黃金色海上人名爲黃姑魚又名白姑紅姑黑姑皆因色爲名耳

烏賊魚

烏賊或作鰞鰂鰂見說文鰞俗字也以其體黑故有此
名或云烏鳥所化又云浮水上卷取烏食之恐未然也
廣韻二十五德引崔豹古今注云一名河伯度事小史
今萊陽海中多有之其狀如算袋大觀本草引海人云
昔秦王東遊棄算袋於海化爲此魚兩帶極長墨猶在
腹是其形狀也今驗其魚輭甲有肉口在腹下多足聚
於口旁其體唯有一骨正白如雪觸之則散細碎如鹽
其味亦鹹可入藥用所謂海螵蛸也其肉炙食之美一
名墨魚以吐墨得名其墨有毒故大魚不敢啖之或曰

見大魚來卽噴墨相向瀰漫如雲霧大魚皆遠避矣

鯧魚

玉篇云鯧魚名不言其形今海人云小者爲鏡大者爲鯧其形似魴而圓如鏡而厚豐肉少骨骨又柔輭炙啖及蒸食甚美此魚古無傳者始見唐本草拾遺今萊陽卽墨海中多有之

沙魚

沙魚色黃如沙無鱗有甲長或數尺豐上殺下肉瘠而味薄殊不美也其腴乃在於鰭背上腹下皆有之名爲

魚翅貨者珍之瀹以溫湯摘去其骨條條解散如燕菜而大燕菜俗名燕窩色若黃金光明條脫酒筵間以爲上肴

偏口魚

文選吳都賦云雙則比目片則王餘劉逵注云王餘魚其身半也俗云越王鱠魚未盡因以殘半棄水中爲魚遂無其一面故曰王餘今案王餘卽偏口也鱗細而白體薄如魴唯一面有鱗爲異其口偏在有鱗一邊極似比目魚但比目一目須兩片相合此魚兩目連生唯口偏一處耳又有一種黑鱗而大名曰呼偏長三四尺蒸

啖之美比目魚紫黑色狀如牛脾又如鞵底俗名鞵底魚爾雅釋地注以比目王餘爲一魚誤矣今王餘魚出登萊海中比目魚日照海中有之比目魚一名東鰈見紺珠集引鄭康成尚書中候注

刀魚 箴魚

刀魚體長而狹薄銀色鮮明宛成霜刃腹下攢刺銛若鍵鋩案爾雅云鮤鱴刀郭以爲鮆魚說文刀魚九江有之今登萊人呼爲林刀魚林鮤一聲之轉是刀魚江海皆有海中者無鱗爲異耳箴魚俗名箴梁魚箴音鍼其形

細長骨體碧色全似公蠣蛇唯喙餘數寸穎出欲穿箴
刀二魚皆銳頭長頸箴魚獨以喙得名東山經云箴魚
其喙如箴郭注出東海

海狗

即膃肭獸也其形前頭似狗後尾類魚亦似羊尾有脚
而短淺毛而黑以腎爲珍詳見本草出登州海上唐時
採以充貢與牛黄竝重謂此也海水冬溫雖嚴寒不凍
常以立春後十八日始冰海狗乳冰上獵人伺其乳以
火器擊取之然溟渤層冰渾茫無際或時斷裂陗壁懸

崖初日晶瑩不可逼視獵人以鐵釘施鞵底履冰騰躍馳逐如飛至於流澌凍解亦時遭陷没焉

蝦

海中有蝦長尺許大如小兒臂漁者網得之俾兩兩而合日乾或腌漬貨之謂爲對蝦其細小者乾貨之曰蝦米也案爾雅云鰝大蝦郭注蝦大者出海中長二三丈鬚長數尺今青州呼蝦魚爲鰝北戶錄云海中大紅蝦長二丈餘頭可作杯鬚可作簪其肉可爲鱠甚美又云蝦鬚有一丈者堪拄杖北戶錄之說與爾雅合余聞榜

人言船行海中或見列桅如林橫碧若山舟子漁人動色攢眉相戒勿前碧乃蝦背桅卽蝦鬚矣

薄臝

淮南假眞訓高誘注云臝蠡薄臝也以今所見海臝有數種總名海薄臝吳語云其民必移就蒲臝於東海之濱蒲臝卽薄臝也蒲薄二字古多通用韋昭不知蒲臝乃一物反以蒲爲深蒲臝爲蚌蛤之屬誤矣西山經郭璞注云臝母卽⿰虫菐螺也夏小正傳云蜃者蒲盧也蒲盧卽蒲臝⿰虫菐螺卽薄臝俱一聲之轉爾雅釋魚云臝小者

蜬郭注螺大者如斗出日南漲海中可以爲酒杯然則爾雅蜬小郭璞蜬大廣異語也今登萊海上未見如斗之蠃而幺蜬無數名類實繁婉童倩女爭攜筠籃每伺潮退淺瀨深隈摭拾殆徧傍晚潮生虛往實歸矣或大如拳殼厚而嶙峋如蒺藜鐃刺俗名招招子一種殼長名來憐子來憐亦蠃蠡之聲轉或俱名薄蠃子

寄居

薄蠃之異種也藝文類聚九十七引南州異物志云寄居之蟲如螺而有脚形如蜘蛛本無殼入空螺殼中戴

以行觸之縮足如螺閉戶也火炙之乃出走始知其寄居也又引異苑云鸚鵡螺常脫殼而遊朝出則有蟲類如蜘蛛入其殼中螺夕還則此蟲出庾闡所謂鸚鵡內遊寄居負殼者也今驗寄居形狀一如二書所說有自洋船攜來者京師人謂之四不相兒童喜弄之其殼形色詭異大小差殊或圓白如錢瑩澈可玩取置器中投以飯顆其蟲亦出啖之四不相者以其似蟹乃有首似蝦乃有聱似蠃乃有足似蜘蛛乃有殼也登州海中一種小而銳者俗名錐子把殼碧綠色層纍如浮圖其中

蟲宛如山蜘蛛與洋船者同也

牡蠣

古本草經牡蠣居上品名牡之義葢不可知陶隱居注以左顧是雄失之誣矣此物無首目口鼻何云左顧也今海人但名蠣不復言牡耳其殼附石而生與鰒魚又異殼作兩片其附石一片黏著不動凹凸陂陀隨石曲折磈礧相連倚疊如山聚族而居仍自隔別蘇頌圖經所謂蠣房者也每候潮來諸房皆啟潮還仍閉人欲取者鑿破其房以器承取其漿肉雖可食其漿調湯尤美

也南人呼其肉爲蠣黃以其殻燒灰泥牆所謂古賁灰
也登州人食其肉棄其殻不解燒灰矣周禮所謂蜃灰
乃燒蛤殻爲之若士所食蛤蜊亦蛤之肉耳非此也海
上嚴冬鑿蠣沖沖貨者珍其槳以海水雜之眞味減矣
其槳與肉皆青白色文登海中桑島出者清味絕異遠
近珍之謂之桑蠣其殻不附石隨水漂泊名曰滚蠣說
者謂地當河海之交蠣得河水之淡故其味獨清榮成
者古成山地也其海中滚蠣大者如椀口然不及桑島
者美

西施舌

爾雅云蜃小者珧郭注珧玉珧釋文引字書云玉珧肉不可食唯柱可食然則珧即江瑤柱也西施舌與之同類而無柱爲異又味美在肉謂之舌者有肉突出宛如人舌啖之柔脆以是爲珍其殼圓厚淡紫色可飾治器郎㘰海中有之案香祖筆記云西施舌海燕所化久復化爲燕通州劉桐村錫信昔宰茲邑上官多屬意劉以導諛且妨民婉辭拒之歷城令以五十金屬其人貨致劉亦弗許也甯海所出狀類西施舌而大其名曰鴟肉微黃色又無舌清味

不逮遠矣以上十二條壬申冬所記此一條癸酉春補

𧉧

蚌之屬說文所謂蠇也殼圓而厚有文回旋如指頭文大者如酒杯作青白色其類亦有纖如指頂黃白雜文殼薄而光乃文𧉧之屬非此也𧉧一名蛤蜊肉甚淸美熱酒銜啖風味尤佳宋廬陵王義眞車螯下酒宋書劉湛傳膳酒炙車螯珍可知矣大觀本草言車螯是大蛤一名蜄卽此是也腹有小蟹脊足悉具狀如榆莢是蛤之精蛤在殼中不能取食當其飢虛蟹輒走出爲蛤覓食蟹飽則蛤

飽晨出暮還有肉如絲爲之牽係或猝遭風浪絲斷蟹殭蛤卽頓仆郭璞江賦所謂璅蛣腹蟹當卽指此而璅蛣非蛤恐同類異名耳北齊書徐之才傳有人患腳跟腫痛諸醫莫能識之才曰蛤精疾也由乘船入海垂腳水中疾者曰實曾如此之才爲剖得蛤子二大如榆莢卽是物也謂之精者知覺攸存至于文蛤之倫腹中無蟹

海浮石

石縹青色微帶土黃輕虛浮脃應手糜碎一拳之多不

盈半兩性味鹹淡堪入藥用書籍𤓰棱紙色煙塵大可
揩摩新生滑瀞此石採取海波深處云是水沫凝結所
成也劉逵吳都賦注浮石體虛輕浮在海中南海有之

燕兒魚

體長五六寸色黑如燕鬐長解飛不能赴遠浮游水面
不過數武翩然而下如燕子投波也鬐與尾齊味酸不
中啖海人去鬐啖之亦不美

鰲魚

鰲音戀玉篇魚名魚巨口細鱗大者長四尺許鱗肉純白漁人

或呼白米子米鰵聲轉耳作膾下湯及蒸𤊹皆可啖之此魚之美乃在於鰾（玉篇毗眇切魚鰾可爲膠）梓人制器黏綴合縫勝於用膠謂之魚鰾實此魚腹中之腴也

鰻鱺魚

似鱓而腹大如鰌而體長其色青黃善鑽泥淖能攻隄岸溝渠中亦喜生之俗人呼之泥裏鑽蓋鰻鱺之聲轉爲泥裏也海邊人呼海鱓非也陶隱居言能緣樹食藤花玉篇云其氣辟蠹魚而古語云君子不食鱺魚（韓詩外傳七）今驗此魚形狀可惡而能補虛勞稽神錄載有人多

得勞疾相因染死者數人取病者於棺中釘之棄於水
永絕傳染之病流之於江金山有人異之引岸開視之
見一女子猶活因取置漁舍多得鰻鱺魚食之病愈遂
爲漁人之妻

青魚

青魚大者長尺許腹背鱗色俱青以是得名氷解春融
海魚大上挂網之繁無慮千萬貨者賤之鹽藏蒸啖味
亦非美或少腌曝乾炙啖頗佳次於柳葉也

柳葉魚

魚體似魴而狹長不盈五寸闊幾二寸厚半分許海人
爲其輕薄形如柳葉因被此名矣腌藏而膊乾之可以
餉遠炙啖甚佳萊州街市編爲四五草束而貨之有野
素之風又有油魚小而短僅半前魚而厚欲過之出萊
陽海中以饒肪得名炙啖尤美也竝可槃酒

冰魚

體狹而長可四寸許鱗細而白肌膚洞澈骨體瑩明望
若鏤冰矣京師貨者來自衞河武定利津海邊諸水亦
復饒之澤冱冰堅魚肥而美瀹湯下酒風味淸新霜橙

雪薺未知孰爲尤勝耳茲魚近海方有故入海疏

銀魚

體白而狹長可六七寸許曝乾緦啖及瀹湯味清而腴不逮冰魚遠矣海人爲其纖而修長如切湯餅之狀謂之麪條魚余謂銀魚之名唯林刀魚庶幾無媿此卽非倫今欲以意更之呼之玉筯焉

催生魚

碧青色纖長如筯體堅類骨鼻梁橫出殆長寸許目在鼻端漁者網得之云可催生未審作何法用按南越志

鱕魚鼻有橫骨如鐇海船逢之必斷吳都賦注鱕有橫骨在鼻前如斤斧形東人謂斧斤之斤爲鐇故謂之鱕然則鱕魚似鐇因有此名兹魚雖鼻有橫骨但大小迥異明非一魚也

離水爛

無名小魚也漁者爲細網海邊撩取之長數寸許圓體饒肪逡巡失水便致糜爛海人爲難於收藏腌以爲醬鮮美可啖經典所稱魚醢當指此而言凡蟹蝦八帶魚皆可作醬又有魚子醬海豚鮐鱖偏口魱鮥其子俱可

作之烏賊魚卵片片解散以酒汆之亦可下湯並方土之貢珍盤肴之佳味也但野人率素不解調和鮭鹹未除烹庖無術若腌以糟醪調以薑桂登之食筵薦諸賓饌雖古鯤醬卵醢方之蔑如矣

鯽魚

形似紅姑青黑色長三尺許有印方長在魚顱頂文理縱橫略如繆篆頭顱堅鞕俗作硬大魚被觸靡不殫斃船艇著處亦爲罅漏吳都賦注謂印在身中又引扶南俗云諸大魚欲死鯽魚皆先封之恐是虛誣耳此魚福山

海中有之亦不多見余聞之婦弟王鎭翰殿邦云

馬鱵魚

福山海中鐃之形狀寬狹全似障泥作紫紺色一面有鱗蓋王餘之類而厚大倍之肉極腴美不減鏡鯧貨者珍之一種牛舌頭魚略似馬鱵而上博下殺首尾渾圓不似馬鱵首帶方形也亦一面有鱗唯目殊小魚重二斤者其目才如綠豆腹下四邊俱淡紅色中央微白爲異

麋子魚

圓體細鱗爲色純黃長或尺許自上而下漸以鋭小甚似椓杙之形海人謂爲龍王緊子肉亦可啖

黃鰽魚

形體渾圓有長八九尺者肥亦中啖頭略似鰽俗作鯽餘不類也而海人以鰽呼之余不謂然或鰽當作脊然是魚鱗鰭俱黃不獨脊上爲然

絲黃魚

形狀略似㹧魚而頭不扁目亦黃色又有紫色者實一種魚也福山海中四時恆有釣艇所得佳饌此味

海鱓魚

體圓青色略似河鱓鋭頭大口利齒如鋸兩邊絕無乃在中央一道鋒鋩直入咽喉亙魚遭之迎刃立斷肉雖腴美骨束纖長須防作鯁海人食餺飥碎切爲餡雜入蘿蔔數片旋卽簡去骨束盡出矣魚大者長四五尺闊可尺許爲性悍猛釣者憚之呼之狼牙魚或曰海狼

海盤纏

大者如扇中央圓平旁作五齒歧出每齒腹下皆作深溝齒旁有髯水蟲幺麽誤入其溝便乃五齒反張合并

其彜夾取吞之然都不見口目處釣竿所得餌懸腹下蓋骨作四片開卽取食闔仍無縫也旣乏腸胃純骨無肉背深藍色雜以赬點腹下純紅其小者腹背皆紅狀旣詭異莫知所用乃至命名亦復匪夷所思將古海貝之屬其類非一及其用之皆爲貨賄故雜擅斯名歟

蝦蟆魚

魚形全似蝦蟆唯尾長尺許皮色青黃不作翍瘤細鱗如釘子之形然亦濡輭手㨨之如蝦蟆皴也福山海中嘗有舉網得之者初不敢啖投之沙磧人或收而煑啖

之風味甚佳淸美如蟹乃知水陸所生形多肖似海驢
海牛人有見者卽作牛驢之形洪鈞陶冶亦有依循釋
典輪迴乃成虛妄衆生代謝譬彼樹花若謂來世之因
必覩見身之果然則芒芒造化甯當作印版文章邪

海腸

形如蚯蚓而大長可尺許土色微紅一頭肉束有類鬚
然蓋其首也穴於深海之底沙中作孔如蛣蜣所居約
入沙二尺許頭在穴口幺蟲經過吸取吞之其遺矢處
亦作細孔人不見也腸細如綫可長丈許夜間出穴覓

食腸蒂御蘩穴口比曉仍還或遭風漬漂斷游腸棲泊岸邊爲人所得矣破䚡其腹血色殷然海人亦喜啖之或去其血陰乾其皮臨食以溫水漬之細切下湯味亦中啖海蛆者巨如鼅卵尾如鼠尾腹盡溜泥釣竿爲餌以致嘉饌饒有所得其物難致不中啖也

海帶

海中諸草可啖者多唯此不爾土人因其形似目爲帶云葉如麥冬而長產於海底高可隱人其根如茅而節間稍短咀之甜脃爲草藩庶海人沒水撩取堆積如山

本青緑色曝乾卽黑經霜又白捆載而歸寒鄉苦屋勝於覆茅既免火灾又能經久雖歷夏秋霖終無腐敗亦奇物也海邊村落彌望皎然就近窺尋乃有人家居然白屋矣

海糞

江河水下浮苴漂木東流到海潮汐淚洶碎爲糞壤北土寒冬家有火炕輂糞熏烘可代薪燎其火無燄微醺淸煙而不觸鼻卻可熏蠶兼無火患也

孫男聯茹蓀薇芬校字

記海錯一卷